© 2024, R.S.
TRAVERSEE DU PONT

Traversée de pont optimale

© Novembre 2024, R.S.

Table des matières

1. Problème 7
2. 1ère stratégie 8
3. 2nde stratégie 9
4. 3ième stratégie 11
5. 1ère variante : porter ou pousser 13
6. 2nde variante : 3 personnes 14
7. 3ième variante : 2 torches 17
8. Conclusion 20
9. Référence 21

© 2024, R.S.
TRAVERSEE DU PONT

« Les hommes construisent trop de murs et pas assez de ponts. », Isaac Newton.

« Les mathématiques sont un pont entre la réalité et l'abstraction. », David Hilbert.

« Les mathématiques sont le pont qui relie les sciences naturelles et les sciences humaines. », Carl Friedrich Gauss.

© 2024, R.S.
TRAVERSEE DU PONT

A Victor et Amélie

© 2024, R.S.
TRAVERSEE DU PONT

© 2024, RS, Paris, France.

ISBN : 9798302068125

Tous droits de traduction, de reproduction et d'adaptation réservés pour tous pays.

Le Code de la propriété intellectuelle n'autorisant, aux termes de l'article L.122-5, 2° et 3° a), d'une part, que les "copies ou reproductions strictement réservées à l'usage privé du copiste et non destinées à une utilisation collective" et, d'autre part, que les analyses et les courtes citations dans un but d'exemple et d'illustration, "toute représentation ou reproduction intégrale ou partielle faite sans le consentement de l'auteur ou de ses ayants droit ou ayants cause est illicite" (art. L.122-4).

Cette représentation ou reproduction, par quelque procédé que ce soit, constituerait donc une contrefaçon sanctionnée par les articles L.335-2 et suivants du Code de la propriété intellectuelle.

1. Problème

Comment un groupe de n personnes, qui se déplacent à des allures différentes, peut-il traverser, le plus vite possible, un pont qui ne supporte que deux personnes au maximum par trajet et dotées d'une seule torche, car il fait nuit et des planches du pont sont cassées ?

On pose :

$$n = nombre\ de\ personnes\ qui\ doit\ traverser\ le\ pont$$

$$t_i = temps\ nécessaire\ à\ la\ i^{ème}\ personne\ pour\ traverser\ le\ pont$$

Soit :

$$0 < t_1 \leq t_2 \leq \cdots \leq t_n\ avec\ i \in [1; n]$$

Et par intuition on définit alors notre 1ère stratégie pleine de bon sens au paragraphe suivant.

2. 1ère stratégie

On pense naïvement que la durée la plus courte vaut :

$$D_1 = (t_n + t_1) + \cdots + (t_3 + t_1) + t_2 = -t_1 + \sum_{i=2}^{n}(t_i + t_1)$$

D'où :

$$D_1 = (n-2)t_1 + \sum_{i=2}^{n} t_i$$

On a choisi ici de faire traverser chaque personne avec la personne la plus rapide pour qu'elle revienne le plus vite pour faire traverser les suivantes une à une. Soit, les étapes suivantes :

$$\begin{cases} t_n \text{ et } t_1 \text{ traversent et retour } t_1 \\ t_{n-1} \text{ et } t_1 \text{ traversent et retour } t_1 \\ \cdots \\ t_3 \text{ et } t_1 \text{ traversent et retour } t_1 \\ t_2 \text{ et } t_1 \text{ traversent} \end{cases}$$

Par exemple avec :

(1). $n = 4$ et $t_i = \{1; 4; 5; 8\} \rightarrow D_1 = (4-2)1 + (4+5+8) = 19$

(2). $n = 4$ et $t_i = \{1; 2; 5; 8\} \rightarrow D_1 = (4-2)1 + (2+5+8) = 17$

On va voir qu'il existe un autre moyen d'aller plus vite dans certains cas uniquement.

3. 2nde stratégie

Mais peut-on traverser plus rapidement ? Oui. En effet, si on fait passer en premier les deux personnes les plus rapide et qu'une d'elle revient, on peut alors faire traverser les deux personnes les plus lentes et faire revenir l'une des personnes les plus rapide restée au bout du pont. Cela permet d'économiser le temps de la personne la deuxième moins rapide moins le retour de l'une des deux personnes la plus rapide. Soit, les étapes suivantes :

$$\begin{cases} t_1 \text{ et } t_2 \text{ traversent et retour } t_1 \\ t_n \text{ et } t_{n-1} \text{ traversent et retour } t_2 \\ t_1 \text{ et } t_2 \text{ traversent et retour } t_1 \\ t_{n-2} \text{ et } t_{n-3} \text{ traversent et retour } t_2 \\ \quad \quad \quad \dots \\ si\ n \begin{cases} pair \begin{cases} t_3 \text{ et } t_4 \text{ traversent et retour } t_2 \\ t_1 \text{ et } t_2 \text{ traversent} \end{cases} \\ impair\ t_3 \text{ et } t_1 \text{ traversent} \end{cases} \end{cases}$$

C'est-à-dire la durée totale suivante :

$$Si\ n\ pair \rightarrow D_2 = \frac{n}{2}(t_1 + t_2) - t_1 + \sum_{i=2}^{\frac{n}{2}}(t_{2i} + t_2)$$

$$Si\ n\ impair \rightarrow D_2 = \frac{n-3}{2}(t_1 + t_2) + t_1 - t_2 + \sum_{i=1}^{\frac{n-1}{2}}(t_{2i+1} + t_2)$$

D'où :

$$D_2 = \begin{cases} \left(\frac{n}{2} - 1\right)t_1 + (n-1)t_2 + \sum_{i=2}^{\frac{n}{2}} t_{2i} & si\ n\ pair \\ \frac{n-1}{2}t_1 + (n-3)t_2 + \sum_{i=1}^{\frac{n-1}{2}} t_{2i+1} & si\ n\ impair \end{cases}$$

Par exemple avec :

(1). $n = 4$ et $t_i = \{1; 4; 5; 8\} \rightarrow D_2 = \left(\frac{4}{2} - 1\right)1 + (4-1)4 + 8 = 21$

(2). $n = 4$ et $t_i = \{1; 2; 5; 8\} \rightarrow D_2 = \left(\frac{4}{2} - 1\right)1 + (4-1)2 + 8 = 15$

On remarqua alors que la configuration (1) est optimale avec D_1 et la (2) avec D_2. Pour le détecter en amont, il suffit de comparer D_1 à D_2 ainsi :

$$D_1 - D_2 = \begin{cases} \left(\frac{n}{2} - 1\right)t_1 - (n-2)t_2 + \sum_{i=2}^{\frac{n}{2}} t_{2i-1} \text{ si } n \text{ pair} \\ \frac{n-3}{2}t_1 - (n-3)t_2 + \sum_{i=1}^{\frac{n-1}{2}} t_{2i} \text{ si } n \text{ impair} \end{cases} \rightarrow Si \begin{cases} D_1 < D_2 \rightarrow choisir\ D_1 \\ D_1 = D_2 \rightarrow D_1\ ou\ D_2 \\ D_1 > D_2 \rightarrow choisir\ D_2 \end{cases}$$

Par exemple :

$$n = 4 \rightarrow D_1 - D_2 = t_1 - 2t_2 + t_3$$

Et :

(1) $\rightarrow D_1 - D_2 = 1 - 2 \times 4 + 5 = -2 \rightarrow D_1\ mieux$

(2) $\rightarrow D_1 - D_2 = 1 - 2 \times 2 + 5 = 2 \rightarrow D_2\ mieux$

On sait donc ainsi quelle stratégie est la mieux adaptée selon la durée de traversée des personnes. Néanmoins, un problème persiste.

4. 3ième stratégie

On constate qu'il existe des configurations où ni la durée D_1 ni la D_2 sont optimales. En effet, la solution optimale est un mixte entre les deux solutions précédentes. Parfois, il vaut mieux utiliser systématiquement t_1 en retour et parfois il vaut mieux faire traverser les deux plus lentes personnes et les deux plus rapides pour optimiser les retours rapides. La question est donc : comment savoir quelle solution choisir à quel moment ? Une fois cela résolu, on aura trouvé la solution optimale dans tous les cas possibles et ainsi finaliser la résolution de ce problème de traversé de pont.

Pour cela ma meilleure stratégie consiste à traiter chaque sous-ensemble de 4 personnes (les 2 plus rapide et les deux plus lentes) parmi les n à traverser. On suit alors les étapes suivantes :

Pour chaque sous ensemble $\{t_1; t_2; t_{n-2j-1}; t_{n-2j}\}$ *avec* $j \in \left[0; \left\lfloor\frac{n}{2}\right\rfloor - 2\right]$

$$si \; t_2 < \frac{t_1 + t_{n-2j-1}}{2} \; on \; choisit \; D_2 \; sinon \; D_1.$$

A la fin, il reste soit aucun sous ensemble (ils ont tous traversé le plus rapidement possible) soit un seul constitué de 3 personnes à traverser. On applique alors D_1.

Avec cette méthode, chaque sous-ensemble de 4 personnes est évalué optimalement pour une traversée la plus rapide. Attention, la dernière traversée (de t_1 et t_2) de chacun de ces sous ensemble de 4 personnes n'est effectuée que par le dernier sous ensemble. C'est-à-dire avec :

Sous ensemble de 4 personnes sans la dernière traversée ($n = 4$) :

$$D_1' = D_1 - t_2 = 2t_1 + t_{n-2j-1} + t_{n-2j}$$

$$D_2' = D_2 - t_2 = t_1 + 2t_2 + t_{n-2j}$$

Par exemple, avec :

$$(3). n = 6 \text{ et } t_i = \left\{ 1; 4; \underbrace{5; 8}_{\substack{j=1 \\ \to D_1}}; \underbrace{9; 12}_{\substack{j=0 \\ \to D_2}} \right\}$$

$$\text{Par la } 1^{\text{ère}} \text{ méthode : } D_1 = (6-2)1 + \sum_{i=2}^{6} t_i = 42$$

$$\text{Par la } 2^{\text{nde}} \text{ méthode : } D_2 = \left(\frac{6}{2} - 1\right)1 + (6-1)4 + \sum_{i=2}^{3} t_{2i} = 42$$

$$\text{Par la } 3^{\text{ème}} \text{ méthode : } D_3 = (D_2')_{j=0} + (D_1')_{j=1} + \underbrace{t_2}_{\substack{\text{dernière} \\ \text{traversée}}}$$

$$= (1 + 2 \times 4 + 12) + (2 \times 1 + 5 + 8) + 4 = 40$$

On constate bien que la 3ième méthode est la plus rapide. On remarque qu'on peut procéder dans n'importe quel ordre les sous ensembles de 4 personnes. Ainsi, dans l'exemple précédent, on peut au choix déplacer le sous-ensemble {1 ; 4 ; 5 ; 8} puis {1 ; 4 ; 9 ; 12} ou l'inverse.

5. 1ʳᵉ variante : porter ou pousser

Une idée originale pour contourner les longues durées de traversée pourrait être que le plus rapide porte ou pousse dans une brouette par exemple le plus lent. Et recommence avec tous les suivants. On pourrait croire que la durée de traversée à deux serait plus rapide, disons deux fois plus lente que celui qui porte ou pousse l'autre. On estime que pour récupérer, le retour s'effectue également en doublant sa durée. Cela reviendrait avec :

$$D_4 = \sum_{i=1}^{n-1} \left(\underbrace{2+2}_{\substack{\text{traversée et} \\ \text{retour doublés}}} \right) t_1 = 4(n-1)t_1$$

Par exemple avec :

$(1). n = 4 \text{ et } t_i = \{1; 4; 5; 8\} \rightarrow D_4 = 4(4-1)1 = 12$

$(3). n = 6 \text{ et } t_i = \{1; 4; 5; 8; 9; 12\} \rightarrow D_4 = 4(6-1)1 = 20$

On gagne assurément beaucoup de temps dans cette configuration tronquée. Il n'y a pas d'autres alternative plus rapide mais la personne la plus rapide « triche » et devrait être très fatiguée avec tous ces aller/retour si rapide. Cette variante n'est donc pas crédible, mais plutôt humoristique.

6. 2nde variante : 3 personnes

On change le problème, on a renforcé le pont, et on tolère maintenant aux plus trois personnes simultanément sur le pont. Le problème prend alors une tout autre allure. Le champ des possibles semble s'être étendu.

En fait, il n'en est rien. Car trois personnes, c'est la même chose que deux en ignorant l'une des trois, celle qui n'est ni la plus rapide ni la plus lente des trois. En effet, comme c'est toujours le plus lent (le maillon faible !) qui impose la durée de traversée quelque soit les deux autres personnes, il suffit de grouper deux à deux pour retrouver une configuration avec une traversée à deux personnes au maximum. Sur ce principe, on effectue le changement suivant :

$$Si\ n = \begin{cases} 2k \to t_{2k} \text{ traverse toujours avec } t_{2k-1} \text{ et } t_1 \text{ ou } t_2 \\ 2k+1 \to t_{2k+1} \text{ traverse toujours avec } t_{2k} \text{ et } t_1 \text{ ou } t_2 \end{cases}$$

Le choix de t_1 ou t_2 revient au même principe que précédemment avec 2 personnes au maximum sur le pont. On a donc :

$$En\ mode\ D_1 : \begin{cases} t_n, t_{n-1} \text{ et } t_1 \text{ traversent et retour } t_1 \\ t_{n-2}, t_{n-3} \text{ et } t_1 \text{ traversent et retour } t_1 \\ \ldots \\ si\ n \begin{cases} impair \begin{cases} t_5, t_4 \text{ et } t_1 \text{ traversent et retour } t_1 \\ t_3, t_2 \text{ et } t_1 \text{ traversent} \end{cases} \\ pair \begin{cases} t_4, t_3 \text{ et } t_1 \text{ traversent et retour } t_1 \\ t_2 \text{ et } t_1 \text{ traversent} \end{cases} \end{cases} \end{cases}$$

Soit :

$$D_{5,1} = \begin{cases} \left(\dfrac{n}{2}-1\right)t_1 + \displaystyle\sum_{i=1}^{\frac{n}{2}} t_{2i} \ si\ n\ pair \\ \dfrac{n-3}{2}t_1 + \displaystyle\sum_{i=1}^{\frac{n-1}{2}} t_{2i+1} \ si\ n\ impair \end{cases}$$

Et :

$$\text{En mode } D_2 : \begin{cases} t_1, t_2 \text{ et } t_3 \text{ traversent et retour } t_1 \\ t_n, t_{n-1} \text{ et } t_{n-2} \text{ traversent et retour } t_2 \\ t_{n-3}, t_{n-4} \text{ et } t_{n-5} \text{ traversent et retour } t_3 \\ t_1, t_2 \text{ et } t_3 \text{ traversent et retour } t_1 \\ \quad \cdots \\ si\ n = \begin{cases} 6k : t_2 \text{ et } t_1 \text{ traversent} \\ 6k+1 : t_4, t_2 \text{ et } t_1 \text{ traversent} \\ 6k+2 : t_3 \text{ et } t_2 \text{ traversent} \\ 6k+3 : t_3, t_2 \text{ et } t_1 \text{ traversent} \\ 6k+4 : t_4 \text{ et } t_1 \text{ traversent} \\ 6k+5 : t_5, t_4 \text{ et } t_1 \text{ traversent} \end{cases} \end{cases}$$

Soit modulo 6 :

$$D_{5,2} = \begin{cases} \dfrac{n}{6}(t_1+t_2+3t_3) - 2t_3 + t_2 + \sum_{i=2}^{\frac{n}{2}} t_{3i-3} \ si\ n = 6k \\[6pt] \dfrac{n-1}{6}(t_1+t_2+3t_3) - 2t_3 + \sum_{i=2}^{\frac{n-1}{2}} t_{3i-2} \ si\ n = 6k+1 \\[6pt] \dfrac{n-2}{6}(t_1+t_2+3t_3) + \sum_{i=2}^{\frac{n-2}{2}} t_{3i-1} \ si\ n = 6k+2 \\[6pt] \dfrac{n-3}{6}(t_1+t_2+3t_3) + \sum_{i=2}^{\frac{n-3}{2}} t_{3i} \ si\ n = 6k+3 \\[6pt] \dfrac{n-4}{6}(t_1+t_2+3t_3) - t_2 - 2t_3 + t_4 + \sum_{i=2}^{\frac{n-4}{2}} t_{3i+1} \ si\ n = 6k+4 \\[6pt] \dfrac{n-5}{6}(t_1+t_3+t_5) - t_2 - 2t_3 + t_5 + \sum_{i=2}^{\frac{n-5}{2}} t_{3i+2} \ si\ n = 6k+5 \end{cases}$$

On choisit alors $D_{5,1}$ ou $D_{5,2}$ pour 6 personnes avec :

$$\begin{cases} D_{5,1} = 4t_1 + t_n + t_{n-2} + t_{n-4} + t_{n-6} \\ D_{5,2} = (3t_3 + t_2 + t_1) + t_n + t_{n-3} \end{cases}$$

Lorsque :

$$3(t_3 - t_1) + t_2 < t_{n-2} - t_{n-3} + t_{n-4} + t_{n-6} \rightarrow Choisir\ D_2\ sinon\ D_1.$$

On peut également ici tester avec 2, 3, 4 ou 5 personnes quelle stratégie entre les deux présentées est la meilleure selon les durées de traversées de chacune des personnes en commençant par comparer celles les plus rapides.

On décèle qu'au-delà de 3 personnes simultanées sur le pont, le problème se complexifie rapidement. Mais les stratégies restent fondamentalement les mêmes. C'est-à-dire deux principes à tester modulo :

$$\begin{pmatrix} Nombre\ de\ personnes \\ simultanées\ autorisées \\ sur\ le\ pont \end{pmatrix} \begin{pmatrix} Nombre\ de\ personnes \\ simultanées\ autorisées - 1 \\ sur\ le\ pont \end{pmatrix}$$

Ainsi, pour 5 personnes, on aura 20 tests pour trouver tous les D_2 possibles. Ensuite, il faudra les comparer au D_1 qui lui est toujours unique. Cela n'est donc pas compliqué mais requiert beaucoup de calculs qu'un ordinateur bien programmé pourra résoudre.

7. 3ième variante : 2 torches

Toujours deux personnes au plus sur le pont mais on dispose cette fois-ci de deux torches. Cela parait anodin mais cela constitut une différence significative. Cela permet d'effectuer deux traversées consécutives sans retour. En contrepartie, il suffit qu'une seule personne effectue un retour pour ramener les deux torches. Cela économise un retour toutes les deux traversées. C'est conséquent et engendre un gain de temps cumulatif. On a donc :

$$\text{En mode } D_1 : \begin{cases} t_1 \text{ et } t_2 \text{ traversent} \\ t_n \text{ et } t_{n-1} \text{ traversent et retour } t_1 \text{ avec 2 torches} \\ t_{n-2} \text{ et } t_{n-3} \text{ traversent} \\ t_1 \text{ et } t_3 \text{ traversent et retour } t_1 \text{ avec 2 torches} \\ \qquad \cdots \\ \text{si } n = \begin{cases} 3k : t_1 \text{ traverse} \\ 3k+1 : t_1 \text{ et } t_{\frac{n+2}{3}} \text{ traversent} \\ 3k+2 : t_1 \text{ et } t_{\frac{n+4}{3}} \text{ traversent} \end{cases} \end{cases}$$

La personne la plus rapide t_1 revient ici systématiquement une fois sur deux avec les deux torches pour minimiser les durées de traversées. Cette dernière traverse toujours avec la personne la plus rapide restantes à traverser. Soit :

$$D_{6,1} = \begin{cases} \dfrac{n}{3} t_1 + \sum_{i=2}^{\frac{n}{3}} t_i + \sum_{i=0}^{\frac{n-3}{3}} t_{n-2i} \text{ si } n = 3k \\ \dfrac{n-4}{3} t_1 + \sum_{i=2}^{\frac{n+2}{3}} t_i + \sum_{i=0}^{\frac{n-4}{3}} t_{n-2i} \text{ si } n = 3k+1 \\ \dfrac{n-2}{3} t_1 + \sum_{i=2}^{\frac{n+4}{3}} t_i + \sum_{i=0}^{\frac{n-5}{3}} t_{n-2i} \text{ si } n = 3k+2 \end{cases}$$

On considère ici qu'il n'existe pas de D_2 plus efficace qui consisterait à accumuler des personnes rapides de l'autre côté du pont pour des retours rapides car le fait de disposer de deux torches permet de contourner cela avec uniquement la personne la plus rapide qui revient seulement une fois sur deux avec les deux torches et bien plus vite que n'importe qui d'autre.

8. Conclusion

Ce problème à priori évident et simple recèle de finesses qui demande un temps d'étude. La pertinence de la solution la plus rapide, qui est une procédure itérative, illumine notre curiosité. Il existe d'autres variantes à imaginer qui affine nos stratégies.

Rêver et étudier constitut les deux piliers des mathématiques dites récréatives qui n'en finissent pas de nous émerveiller. Ces stimulations de nos esprits changent nos croyances, choquent nos intuitions, satisfont nos raisonnements et ouvrent la porte vers d'autres interrogations encore plus grandes et mystérieuses.

Les mathématiques sont tout autant incroyable que la traversée d'un pont usé, avec des parties difficiles à franchir, dont on ne distingue pas l'horizon. Dès lors, avancer d'une planche à la suivante devient vite un exploit collectif qui profite ensuite à tous les suivants qui à leur tour feront de même. L'humanité tout entière s'investit alors dans ce grand projet pour mieux connaître et comprendre notre environnement naturel et nous même.

9. Référence

Voici quelques références qui ont inspiré l'auteur :

- youtube.com/watch?v=cm5BYkMlFXY
- en.wikipedia.org/wiki/Bridge_and_torch_problem
- www.cs.utoronto.ca/~brudno/csc373w10/fab4puzzle.pdf

© 2024, R.S.
TRAVERSEE DU PONT

NOTES :

www.ingramcontent.com/pod-product-compliance
Lightning Source LLC
Chambersburg PA
CBHW030129230526
45469CB00005B/1867